Yvonne Metzger

Verstädterung, Stadtentwicklung und Raumordnung in den Niederlanden

GRIN Verlag

Bibliografische Information der Deutschen Nationalbibliothek:

Die Deutsche Bibliothek verzeichnet diese Publikation in der Deutschen Nationalbibliografie; detaillierte bibliografische Daten sind im Internet über http://dnb.d-nb.de/ abrufbar.

Impressum:

Druck und Bindung: Books on Demand GmbH, Norderstedt Germany
ISBN: 978-3-638-73472-1

Dieses Buch bei GRIN:

http://www.grin.com/de/e-book/34719/verstaedterung-stadtentwicklung-und-raumordnung-in-den-niederlanden

GRIN - Your knowledge has value

Der GRIN Verlag publiziert seit 1998 wissenschaftliche Arbeiten von Studenten, Hochschullehrern und anderen Akademikern als eBook und gedrucktes Buch. Die Verlagswebsite www.grin.com ist die ideale Plattform zur Veröffentlichung von Hausarbeiten, Abschlussarbeiten, wissenschaftlichen Aufsätzen, Dissertationen und Fachbüchern.

Westfälische Wilhelms - Universität Münster
Institut für Geographie
Hauptseminar: Verstädterung und Stadttypen der Erde

Sommersemester 2003
4. Fachsemester

Hausarbeit

Verstädterung, Stadtentwicklung und Raumordnung in den Niederlanden

Yvonne Metzger

Inhaltsverzeichnis

I. Einleitung

Diese Arbeit gibt einen Einblick in die Raumordnungspolitik der Niederlande. Dabei soll besonders auf die Entwicklung der Stadt und den damit verbundenen Verstädterungstendenzen eingegangen werden. Die zunehmende Verstädterung nimmt in den Berichten zur Raumordnung einen besonderen Stellenwert ein, da die Niederlande das Land mit der höchsten Bevölkerungsdichte in Europa sind. Die sorgfältige Verteilung von städtischen und ländlichen Gebieten auf der Gesamtoberfläche der Niederlande ist deshalb von großer Bedeutung. Hinzu kommt, dass in den Niederlanden seit dem 11. Jahrhundert durch Einpolderungen versucht wurde, zielgerichtet Land zu gewinnen und urbar zu machen, um der steigenden Zahl der Bevölkerung einen angemessenen Lebensraum zu schaffen.
Ziel der Arbeit ist es, die geographisch - raumordnungspolitischen Veränderungen, die durch gesellschaftlichen, sozialen und wirtschaftlichen Wandel erforderlich waren und sind, möglichst umfassend darzustellen, insbesondere hinsichtlich der Entwicklung der Stadt.

Die Arbeit gliedert sich in drei Bereiche. Zu Beginn wird die Stadtformung im Mittelalter und im „Goldenen Jahrhundert", die städtische Explosion mit dem Beginn der Industrialisierung und die regulierte Weiterentwicklung zwischen der Jahrhundertwende und dem Beginn des zweiten Weltkrieges nachgezeichnet.
Im Folgenden soll auf den Beginn der räumlichen Planung nach dem zweiten Weltkrieg eingegangen werden. Es wird unterschieden zwischen dem ungeplanten Wohnungsbau nach 1945, der sich bis in die späten 50er Jahre fortsetzte, und der darauf folgenden Periode der 60er Jahre, in der erstmalig ein nationalgültiger Raumordnungsbericht entworfen wurde. In dieser Zeit bildeten sich aufgrund des nach dem Krieg entstandenen Wohlfahrtsstaates und dem daraus resultierenden Suburbanisierungstrend einzelne Stadtregionen heraus. Im Zweiten Raumordnungsbericht versuchte man, deren Entwicklung zu erfassen und diese zu ordnen.
Der dritte Teil der Arbeit umfasst die einschneidenden Veränderungen in der Raumplanung seit den 70er Jahren und ihre Auswirkungen für das aktuelle räumlich – geographische Bild der Niederlande. Dabei handelt es sich im wesentlichen um demographische Entwicklungen, gesellschaftspolitische Ansichten, veränderte

räumliche Bedürfnisse seitens der Bevölkerung und neue wirtschaftpolitische Ausrichtungen des Raumes aufgrund der fortschreitenden Europäisierung und Internationalisierung in den Industrieländern. Seit den 70er Jahren wurden, um diesen Aspekten Rechnung tragen zu können, drei weitere Raumordnungsberichte formuliert. Der Dritte Raumordnungsbericht entwickelt nationale Ziele für die Stadterneuerung, die Entstehung von Wachstumsregionen und das Prinzip der Bündelung. Während dieser Bericht noch weitgehend auf die nationale Entwicklung von Stadt, Land und Bevölkerung eingeht, werden beginnende Tendenzen zu einem weiteren europäisch - räumlichen Blickwinkel hauptsächlich im Vierten Raumordnungsbericht dargelegt. Er ist stärker marktwirtschaftlich orientiert und betont die internationale Position der Niederlande, vor allem die Bedeutung der Randstad als Wachstumspol. Im Fünften Raumordnungsbericht wird diese Orientierung noch weiter gestärkt, indem sowohl die Verbesserung der Funktionalität der Stadt als auch eine intensivere und mehrfachere Nutzung des nationalen Raumes angestrebt wird. Zum Schluss soll die spezielle Stadtplanung für die Stadt Almere kurz erläutert werden. Der abschließende Ausblick verdeutlicht zusammenfassend anhand von Zahlenbeispielen für einzelne Raumfunktionen, wie sich die Raumordnung in der Zukunft entwickeln soll.

II. Stadtentwicklung bis zur Mitte des 20. Jahrhunderts

2.1. Stadtformung im Mittelalter und im „Goldenen Jahrhundert“

In den Niederlanden erschienen bereits in der Römerzeit erste städtische Niederlassungen. Die meisten von ihnen wurden in der Nähe der heutigen Grenze zu Deutschland gebaut. Weitere bebaute Plätze treten im 8. Jahrhundert zur Zeit der Karolinger auf, jedoch waren sie nicht von großer Bedeutung. Das änderte sich im Laufe des 11. Jahrhunderts, als die Urbarmachung von Land durch den Beginn des Deichbaus erfolgte. Die im späten Mittelalter gegründeten Städte befanden sich hauptsächlich im Süden der heutigen Niederlande. Dies ist auf militärische Beweggründe zurück zu führen, da man versuchte, die Grenzen durch den Bau städtischer Siedlungen samt Befestigungsanlagen zu verteidigen. Vor allem im 14. Jahrhundert wurde im Süden der Niederlande ein großer Teil der Städte gegründet, im Norden war dies erst im 15. Jahrhundert der Fall. Die bedeutendste Stadtgründung aus dieser Zeit ist Utrecht, deren heutige Altstadt nahezu den gleichen Umfang hat wie im Jahre 1320. Obwohl sich z. B. auch in Middelburg, Nijmegen und Maastricht ein städtischer Charakter zeigte, blieben diese Siedlungen von geringer Bedeutung.[1] Aufgrund der parallel angelegten Grachten ergab sich eine lange und schmale Struktur sowohl der Städte als auch der Häuser. Einige Häuser bestanden bereits aus Stein, während die anderen typische Fachwerkhäuser aus Lehm und Stroh waren. Die funktionale Verbindung von Wohn- und Arbeitsraum hatte oft schlechte hygienische Verhältnisse zur Folge. [2]

Während zu Beginn des 16. Jahrhunderts die städtische Entwicklung weitgehend stagnierte, folgte am Ende des 16. Jahrhunderts und vor allem im 17. Jahrhundert ein dynamisches Wachstum. Grund dafür ist ein starker Fortschritt der internationalen Schifffahrt und dem damit verbundenen Gewerbe. Die Niederländer erschlossen ihre ersten Kolonien und mit der Gründung der „Vereinigten ostindischen Kompanie“ (VOC) versetzt der Überseehandel das Land in eine Periode des Wohlstands. Vor allem in Holland und Zeeland ließen sich viele Händler nieder, so dass der Verstädterungsgrad in Holland nach 1600 bei 60 Prozent liegt. Aber nicht nur die Händler tragen zum Prozess einer zunehmenden Verstädterung bei, auch die zunehmende Zahl der Immigranten beeinflusst das städtische Wachstum. Die Städte entwickelten sich aufgrund des schwachen politischen Einflusses der Regierung zu autonomen Einheiten, die den Grundstein für die heutige polyzentrische Struktur der Randstad gelegt haben. Das 16. und 17. Jahrhundert werden wegen ihrer wirtschaftlichen Blütezeit als „Goldenes Jahrhundert“ der Niederlande bezeichnet. Amsterdam war in dieser Periode eine der bedeutendsten Städte in Europa und zog darum besonders viele Einwanderer an. Der Bau des Amsterdamer Grachtengürtels im Stil der Renaissance ist so auch das beste Beispiel für eine Stadterweiterung dieser Zeit. Der Grachtengürtel wurde insbesondere für die reiche Bevölkerungsschicht angelegt, was man besonders an den imposanten Gebäuden der Herengracht unschwer erkennen kann. Die niederländische Baukunst der Renaissance mit ihren auffälligen Ornamenten hat sich über große Teile Nordwesteuropas, vor allem in Norddeutschland und Skandinavien, ausgebreitet.

---

[1] Ottens, Henk F. L.: *Verstedelijking en Stadsontwikkeling.* Assen/ Maastricht, 1989. Im Folgenden: Ottens, 1989

[2] Zantkuijl, Henk: *Bouwen in de Hollandse stad.* In: Taverne, Ed/ Visser, Irmin (Hrsg.): *Stedebouw. De geschiedenis van de stad in de Nederlanden van 1500 tot heden.* Nijmegen, 1993

Am Ende des 17. Jahrhunderts war das städtische Wachstum eingeschränkt, da viele Betriebe sich außerhalb der Stadt ansiedelten. Ferner war ein zunehmender Anteil der Bevölkerung auf dem Land (Ruralisierung), eine zunehmende Bevölkerungskonzentration in kleinen Städten (Minurbanisierung) und ein zunehmender Bevölkerungsanteil in den ländlichen Provinzen (regionale Dekonzentration) zu verzeichnen. Da ökonomische Funktionen und der Bedarf an günstigem Wohnraum für Immigranten die räumliche Struktur der früh-kapitalistischen Bürgerstädte bestimmten, kam es zu einer starken Verdichtung der Bebauung. Dennoch versuchte man den Städten eine gewisse Form zu geben. Um räumlich ökonomische Ziele zu unterstützen, differenzierte man zunehmend zwischen Wohn- und Gewerberaum.[3]

Während der französischen Besatzungszeit in den Jahren 1795 bis 1813 wurde die Bausubstanz in vielen großen Städten vernachlässigt, so dass ihr Glanz und Ansehen aus dem „Goldenen Jahrhundert" verblasste. Die Entwicklung der Industrie wurde zwar im Süden von den Franzosen voran getrieben und gegen die englische Konkurrenz geschützt, doch für den Norden hatte dies schlimme wirtschaftliche Folgen. Auch nach der Wiederherstellung der Unabhängigkeit verbesserte sich der ökonomische Zustand kaum. Erst nach 1850 begannt sich der Urbanisierungsprozess fortzusetzen.
Die französische Zeit hatte ihre Spuren hinterlassen: Die Städte wurden nach dem Vorbild Frankreichs über ihre Stadtmauern hinaus erweitert. Prägend war der neoklassizistische Architekturstil und die Idee einer schönen, geordneten, rational angelegten Stadt.

2.2. Städtische Explosion mit Beginn der Industrialisierung

Im späten 19. Jahrhundert, etwa seit 1870, führte die industrielle Revolution zu einem spektakulären Wachstum der Städte, vor allem in Rotterdam, Amsterdam und Den Haag brach erneut eine Periode des Wachstums an. Der Ausbau der Infrastruktur zur Verbesserung der Handelswege zum deutschen Ruhrgebiet (Neuer Wasserweg, Nordseekanal) und der wieder aufblühende Handel mit den Kolonien stärkten das

---

[3] Ottens, 1989

ökonomische Wachstum in den Niederlanden. Die Bevölkerung nahm ebenso wie die Mobilität und die Zahl der industriellen Betriebe stark zu, so dass ein erhöhter Raumbedarf entstand. Allein zwischen 1850 und 1900 stieg die Einwohnerzahl von 3,1 Millionen auf 5,1 Millionen, bis 1950 verdoppelte sie sich auf 10 Millionen Einwohner.[4]

Das zusätzliche Arbeitsangebot zog viele Menschen in die Stadt, da die Industrialisierung als pull-Faktor wirkte, die Landwirtschaftskrise von 1878 bis 1895 hingegen als push-Faktor. Eine weitere wichtige Rolle bei der Fortentwicklung der Städte spielten die in unmittelbarer Nähe vorhandenen Steinkohle- und Eisenerzressourcen, günstige Arbeitskräfte, der rasante technische Fortschritt und die Weiterentwicklung der Häfen, z. B. in Rotterdam. Allerdings profitierte auch in dieser Periode der Süden sehr viel stärker von der wirtschaftlichen Entwicklung als der Norden. Viele Betriebe festigten sich entlang der neuen Verkehrsachsen. In unmittelbarer Nähe baute man für die Arbeiter kleine unkomfortable Wohnungen in Wohngebieten mit einer sehr hohen Bebauungsdichte. Charakteristisch für diese Arbeiterviertel sind auch die schmalen Straßen, der Etagenbau in den größeren Zentren und das Fehlen von Grünanlagen und Erholungsmöglichkeiten. Das Dapperviertel oder „De Pijp“ in Amsterdam sind typische Beispiele für in dieser Zeit vom Staat errichtete Arbeiterviertel. Gleichzeitig baute man für die Reichen Villenviertel mit großen Plätzen, Parks, Museen und Boulevards, z. B. im Süden des Vondelparks in Amsterdam. Der qualitative Unterschied zwischen den Wohnvierteln führte zu zunehmender Unzufriedenheit der Arbeiter, so dass der Staat sich gezwungen sah, etwas gegen die erbärmlichen Wohnumstände zu unternehmen. [5]

2.3. Regulierte Weiterentwicklung zwischen 1905 und 1940

Nach der Jahrhundertwende wurden aufgrund der oben beschriebenen Umstände einige gesetzliche Bestimmungen zum Wohnungsbau und zu einer planmäßigeren Bebauung erlassen. So sollte das Wohnungsgesetz aus dem Jahr 1901 zu einem verbesserten Wohnungsbau führen. Die Gemeinden sollten abhängig von ihren

---

[4] Hidding, Marjan C. u.a. (Hrsg.): *Planning voor stad en land.* Tweede, herziene druk. Bussum, 2002. Im Folgenden: Hidding, 2002

[5] Ottens, 1989

Bedürfnissen Erweiterungspläne aufstellen. Die Erneuerungen des Gesetzes in den Jahren 1921 und 1931 führten zusätzliche Bau- und Planungsvorschriften, wie z. B. den Bebauungsplan und den Gebietsentwicklungsplans ein, die die planerische Koordination zwischen den unterschiedlichen Ebenen stärken sollten. In dieser Zeit wurde auch die Idee der Gartenstadt des Engländers Ebenezer Howard publik. Almere ist eine der sogenannten „new towns", deren Bau mit seinem Prinzip vergleichbar ist: Niedrigbau im Rahmen einer Stadt, die Wohn- , Arbeit- und Erholungsraum gleichermaßen verbindet. In Amsterdam entstand Ende der 20er Jahre der Ausbreitungsplan für den Süden der Stadt nach dem Architekten Berlage. Kennzeichnend für den sozialen Wohnungsbau ist der Architekturstil der Amsterdamer Schule und die Architekturrichtung „De Stijl", die durch ästhetisch formgebende Baustrukturen noch heute das Bild Amsterdams beim Mercatorplein und in der Churchill-, Roosevelt- und Vrijheidslaan bestimmen.

Da die oben erwähnte Einführung der Wohnungsgesetze aber erst nach und nach Änderungen bewirkte und die Bevölkerung in sehr schnellem Tempo wuchs, nahm die Verstädterung besonders im Westen des Landes weiter zu. Auf diese Weise bildete sich aufgrund des Trends zur Suburbanisierung die heutige Form der Randstad als Ballungszentrum städtischer Agglomerationen heraus. Weitere Faktoren für die Bezeichnung Nord- und Südhollands als Randstad waren die zunehmende Bedeutung Rotterdams, Utrechts und Den Haags und der damit verbundenen Verlust Amsterdams als einzige bedeutende Stadt in Holland. Die Randstad formt aufgrund der Tatsache, dass jede Stadt ihre eigene Funktion besitzt eine polyzentrische Stadtregion. Amsterdam ist die Hauptstadt und das bedeutendste kulturelle und finanzielle Zentrum, Rotterdam ist die größte Hafenstadt Europas, Den Haag ist Regierungszentrum und Utrecht ist dank seiner zentralen Lage ein Eisenbahnknotenpunkt und Zentrum für Kongresse und Messen.

Der Suburbanisierungstrend resultierte aus der nur langsamen Verbesserung der schlechten städtischen Wohnqualität und wurde durch die ebenfalls abwandernden Betriebe noch zusätzlich verstärkt. Das Pendleraufkommen stieg von 1928 bis 1947 von 5 Prozent auf 15 Prozent. Die Bevölkerungsdichte nahm im Zeitraum von 1900 bis 1950 von 154 zu 309 Einwohnern pro qkm zu, verteilte sich jedoch vermehrt im Westen.[6] Der Norden und Süden des Landes mussten starke Bevölkerungsverluste hinnehmen, da sie nicht von der ökonomischen Entwicklung profitieren können.

---

[6] Hidding, 2002

Die aufgrund der erhöhten Mobilität entstandene Bevölkerungskonzentration im Westen des Landes führte dazu, dass sich vor allem landschaftlich schöne Gebiete wie ‚het Grooi', de ‚Utrechtse Heuvelrug' und die Küstengebiete nahe bei Haarlem und Den Haag zu bevorzugten Siedlungsgebieten entwickelten. Dies begünstigte die Zersiedelung der Grünflächen und führte insgesamt zu einer stärkeren Vermischung von Stadt und Land.

III. Beginn der räumlichen Planung nach 1945

3.1. Ungeplanter Wohnungsbau nach dem zweiten Weltkrieg

Im Jahr 1947 wurde die Kommission Van den Bergh (Minister des Wiederaufbaus und des öffentlichen Wohnungswesens) gegründet, die ein Wiederaufbaugesetz und das Gesetz einer vorläufigen Regelung von 1950 entwarf. Der Gebietsentwicklungsplan und der Erweiterungsplan wurden ersetzt durch nationale, provinziale und gemeindliche Flächennutzungspläne.

Nach Kriegsende stieg die Bevölkerungszahl stark an, zudem waren fast ¼ der Häuser – im Jahr 1940 zählte man in den Niederlanden 2,1 Millionen Wohnungen – zerstört. Also versuchte man, möglichst schnell Wohnraum zu schaffen. Die Städte sollten einfach und nach der Idee der kompakten Stadt wieder aufgebaut werden.[7]

Ende der 50er Jahren war dieses Prinzip allerdings nicht mehr umsetzbar. Der Staat versuchte zwar, das Wachstum in den Städten abzubremsen, um dem befürchteten Verlust wichtiger Agrargebiete vorzubeugen, doch die Stadt war aufgrund fehlender Planungsvorschriften nicht mehr deutlich räumlich abzugrenzen. Man verwendete für die unkontrollierte Ausbreitung städtischen Raumes die euphemistische Beschreibung der „Stadt in neuen Formen".[8]

[7] Zonneveld, Wil: *Ruimtelijke planning*. In: Taverne, Ed/ Visser, Irmin (Hrsg.): *Stedebouw. De geschiedenis van de stad in de Nederlanden van 1500 tot heden.* Nijmegen, 1993. Im Folgenden: Zonneveld, 1993

[8] Ebd., S. 261

3.2. Stadtregionen und Suburbanisierungstrend der 60er Jahre

Die 60er Jahre waren eine Periode des Wohlstands. Die wirtschaftliche Lage war stabil und die materiellen Verluste des Krieges weitgehend behoben. Die steigende Zahl der Autobesitzer führte zu einem Anstieg der Mobilität und für die Bevölkerungsschichten mit mittlerem und höherem Einkommen bot sich dadurch die Möglichkeit, sich ein „Häuschen im Grünen" zu suchen. Nahezu ausschließlich ‚traditionelle' Familien verließen auf diese Weise die Dichte der Stadt und siedelten sich im nahegelegenen, räumlich weitläufigerem Umland an. Während dessen mussten sich untere Einkommensgruppen weiterhin mit einer Wohnung in einem der vielen Hochhauskomplexe zufrieden geben.[9]

Die starke Streuung der Bevölkerung in den großen Städten führte in einer ersten Phase zur Entstehung von Stadtprovinzen auf interregionalem Niveau in Form von Dekonzentration innerhalb städtischer Regionen und in einer zweiten Phase zu Stadtprovinzen auf intraregionalem Niveau in Form einer enormen Zunahme der Anzahl kleiner und mittelgroßer städtischer Kerne. Auch Betriebe konnten sich durch verbesserte Verkehrs- und Kommunikationsmöglichkeiten auf günstigerem und besser erreichbarem Bodengrund rund um die Städte verteilen.

Der Bau von Wohnungen und Betrieben erfolgte hauptsächlich außerhalb des zentralen Rings der Randstad in nördlicher, südlicher und östlicher Richtung, also auf dem Flevolandpolder, in der Provinz Gelderland und im Westen der Provinz Nordbrabant. Immer neue Bauprojekte führten zu einer zunehmenden Dichte im Westen des Landes. Die Politik der kompakten Stadt geriet so weiter in Gefahr, da wenige große Städte, dafür aber viele kleine Kerne entstanden. Dem versuchte der Staat mit zwei Berichten entgegenzuwirken, nämlich dem Bericht "Het Westen en overig Nederland" aus dem Jahr 1956 und dem zwei Jahre später folgenden Bericht „De ontwikkeling van het Westen des lands". Die beiden Berichte waren die Vorläufer des ersten nationalen Raumordnungsberichts, der im Jahr 1960 erschien.

Sein Hauptziel war es, durch Streuungspolitik die Bevölkerung stärker vom Westen aus in den Norden und den Südwesten zu verteilen. Gleichzeitig sollten ökonomische Aktivitäten außerhalb des Westens stimuliert werden, um das wirtschaftliche

---

[9] Engelsdorp Gastelaars, Rob van: *Verstedelijking in Nederland na 1945.* In: Taverne, Ed/ Visser, Irmin (Hrsg.): *Stedebouw. De geschiedenis van de stad in de Nederlanden van 1500 tot heden.* Nijmegen, 1993. Im Folgenden: Engelsdorp Gastelaars, 1993

Wachstum vor allem im Norden zu erhöhen. Man versuchte beispielsweise durch die Rationalisierung im Landbau, eine Erhöhung der Arbeitsproduktivität zu erreichen.
Der Versuch der Streuungspolitik war jedoch insgesamt zu wenig konkret und so verteilten sich Bevölkerung und Betriebe mit großem Raumbedürfnis bzw. Raumbedarf weiter außerhalb der Städte in schnell wachsenden Wohnkernen. Den Aspekt der Verstädterung fasst die erste Raumordnungsnote auf als eine Zunahme von städtischen Wohnformen. Eine klare Definition und eine konkrete Planungskonzeption fehlten jedoch.[10]
Zwei entscheidende Gründe waren für das Scheitern des ersten Berichts ausschlaggebend. Erstens fehlte dem Bericht eine grundlegende statistische Basis hinsichtlich den gewünschten Planungszielen, die sich in den falschen Schätzwerten zur Bevölkerungsentwicklung bemerkbar machte. Zweitens musste der Raumordnungsbericht einem gewaltigen Transformationsprozess Rechnung tragen, beispielsweise den bedeutenden Fortschritten in der Infrastruktur. Allein das Autobahnnetz hatte sich im Zeitraum von 1949 bis 1965 verfünffacht. Der zunehmende Autogebrauch verwandelte die Binnenstädte in Cities und die Cities in städtische Agglomerationen. In Amsterdam wurden in dieser Zeit z. B. die Spuistraat und die Rozengracht von Grachten in für Autos und Trams befahrbare Strassen umgebaut. Das Stadtbild verlor auf diese Weise viel von seinem alten Charme. Bis heute ist der Umbau der Stadt für Verkehrsmittel auf Kosten des alten Stadtbildes ein ständiger Streitpunkt in der Kommunalpolitik der Hauptstadt.
Ebenfalls bedeutend für den Transformationsprozess war die zunehmende arbeitsmarktpolitische Bedeutung des Hafens in Rotterdam und des Flughafens Schiphol bei Amsterdam und deren stetiger Ausbau in der Maasvlakte bzw. in der Maarkerwaard. Eine uneingeschränkte Rahmenvergrößerung, Innovationen im Transportsystem und der fortschreitende Suburbanisierungstrend von Betrieben mit großem Raumbedarf, z. B. Großhandels- und Industriebetriebe, die oft auch wegen der außerhalb der Stadt bestehenden Notwendigkeit zur Schaffung von neuen Arbeitsplätzen im suburbanen Raum einen Standort suchten, führten zum Entwurf des zweiten Raumordnungsberichtes im Jahr 1966.
Die Planer stellten sich in diesem Bericht die Frage der Konzentrationsrichtung des Raumes, also der Konzentration, der Dekonzentration oder der gebündelten

---

[10] Baars, Joop/ Bekkers, Rogier u.a. (Hrsg.): *Het Ruimtelijk Beleid in Nederland. Een analyse van de drie nota's ruimtelijke ordening.* Utrecht, 1974. Im Folgenden: Baars/ Bekkers, 1974

Dekonzentration und entschieden sich für Letzteres. Man sah die Vorteile in der Möglichkeit für das Entstehen verschiedener Wohnmilieus mit eigener Identität und unterschiedlichen städtischen Kernen. Zudem sollte zwischen diesen Kernen ländliches Gebiet bestehen bleiben und damit durch die Unterscheidung zwischen Stadt und Land der Erholungsaspekt berücksichtigt werden.[11]

Das Prinzip der Streuungspolitik aus dem ersten Bericht blieb zentral, da die ökonomischen Entwicklungen außerhalb des Westens immer noch von geringer Bedeutung waren und die Bevölkerung dem Arbeitsplatzangebot entsprechend ungleich verteilt war. So entschied man, dass Menschen in suburbaner Umgebung leben ‚dürfen', aber diese Entwicklung sich in einer Anzahl von speziell gekennzeichneten Bevölkerungsüberschusszentren konzentrieren sollte. Zwei nach diesem Muster entwickelte Städte sind beispielsweise Almere und Lelystad auf dem Flevolandpolder im Nordosten von Amsterdam. Zur Umsetzung der Idee der Bevölkerungsüberschusszentren teilte die Regierung das Land in sieben städtische Zonen ein, nämlich den Nord- und Südflügel der Randstad, die Brabantse Städtereihe, Süd- und Mittellimburg, Twente, Groningen und die Provinz Zeeland. Zwischen diesen Zonen sollte das Verkehrsnetz verbessert werden und eine zunehmende Koordination zwischen Regierung und den entsprechenden Provinzen statt finden.

Um eine weitere Zersiedelung des 'Grünen Herzens' innerhalb der Randstad zu vermeiden, strebte man weiterhin nach Kompaktheit und versuchte durch Rekonstruierung und Restaurierung eine Anpassung der alten Stadtstrukturen an erforderliche Funktionen zu erreichen. Auch die Industrieanlagen sollten soweit es möglich war nicht weiter ausgedehnt, sondern im Sinne der Wirtschaft rekonstruiert werden.[12] Doch auch die Planungen des Zweiten Raumordnungsberichtes konnten sich aufgrund der Entwicklungen, die im Folgenden dargestellt werden, nicht langfristig durchsetzen.

[11] Hidding, 2002
[12] Baars/ Bekkers, 1974

IV. Raumplanungspolitik in den letzten zwei Jahrzehnten

4.1. Stadterneuerung, Wachstumsregionen und Bündelung

Seit den 50er Jahren hatte man in den Niederlanden eine räumliche Planungspolitik mit dem Leitziel der Streuung („spreidingsbeleid"), also der flächenweiten gleichmäßigeren Verteilung von Bevölkerung, Wohn- und Arbeitsmöglichkeiten verfolgt. Diese Idee fand sich bereits in der 1. Note der räumlichen Ordnung und wurde verstärkt in der 2. Note fortgesetzt.
Seit den 60er Jahren war eine starke Zunahme sowohl in der Anzahl von verstädterten Landgemeinden als auch bei der dort wohnenden Bevölkerung zu verzeichnen gewesen, die einen stark wachsenden Anteil an Stadtbewohnern formte. Allerdings wohnten 64% der niederländischen Bevölkerung in mittelgroßen, städtischen und suburbanen Gemeinden außerhalb der städtischen Zentren, d. h., es war trotz des Prinzips der gebündelten Dekonzentration in der 2. Note zu einer Extensivierung des Gebrauchs an städtischem Raum im ländlichen Umland gekommen. Im Jahr 1960 lag der Bebauungsgrad in den drei westlichen Provinzen noch bei 14%, Mitte der 70er Jahre waren es bereits 22%. [13]
Nachdem die Euphorie der Welle des Aufbaus langsam abgeklungen war und der allgemeine Wohlstand der 60er Jahre sich positiv auf große Bevölkerungsteile auswirkte, standen neue Aspekte, wie z. B. der Umweltschutz, die Stärkung des öffentlichen Verkehrs, der Ausbau des selektiven Wachstums und die Individualisierung zur Diskussion. In dieser Zeit hat die Anzahl der Mehrpersonenhaushalte durch die steigende Teilnahme der Frauen am Arbeitsmarkt und durch das Wachstum der kinderlosen Haushalte stark abgenommen. Die Hintergründe für diese Veränderung waren z. B. die wachsende Bedeutung des Dienstleistungssektors, die Emanzipation der Frau und die Säkularisierung, die als eine Folge der Öffnung des versäulten Systems der Niederlande betrachtet werden kann.[14] Durch die Differenzierung der Form der Hauhalte sind nicht nur die

[13] Ottens, 1989
[14] Engelsdorp Gastelaars, 1993

Einkommensunterschiede gewachsen, sondern es kam auch zu einer weiteren Verstärkung der Suburbanisierungstendenz.
Um das Wohnungsbedürfnis der Stadtbewohner im Umland aufzufangen, entwickelte die Regierung im Laufe der 70er Jahre das Konzept der Wachstumskerne mit Bauaktivitäten, die die Entwicklung verschiedener Wohnmilieus für die entsprechenden Bevölkerungsschichten begünstigen sollten. So konnte man einerseits den gesellschaftlichen Entwicklungen entsprechen, verstärkte aber andererseits dennoch ungewünschte soziale Veränderungen. Die großen Städte verloren durch das Konzept der Wachstumskerne rund ¼ ihrer Bevölkerung. Da jedoch zugleich die Zahl der Einwanderer weiter stieg, bestand die Bevölkerung in den großen Städten zunehmend aus Immigranten und aus den ebenfalls dort ansässigen Studenten, die in die freigewordenen Wohnungen der Abwanderer umzogen. Durch die rückläufigen Einwohnerzahlen der mittleren und höheren Einkommensklassen und der zunehmenden Ansässigkeit von allochthonen Alleinstehenden, Immigranten (v.a. Surinamer und mediterane Gastarbeiter) in den großen Zentren der Randstad, verstärkte sich der bereits bestehende Unterschied bezüglich des Einkommensniveaus und führte innerhalb der Städte zur Entstehung spezifischer Wohnmilieus für Ein- bis Zweipersonenhaushalte mit entsprechender funktionaler Versorgung. Zusätzlich verstärkten sich die sozialen Kontraste zwischen den Städten und der Umgebung.
Zusammen gefasst ereigneten sich also grundlegende gesellschaftliche und räumliche Veränderungen, so dass es in dieser Periode zu einem konzeptuellen Bruch in der Planungspolitik kam, der sich in den Zielen des Dritten Raumordnungsberichtes, der zwischen 1974 und 1983 entwickelt wurde, wiederspiegelt. Der Bericht besteht aus drei Teilen, nämlich aus der Orientierungsnote, der Verstädterungsnote und der Note für die ländlichen Gebiete. Im Orientierungsbericht, der im Januar 1974 erschien, wurden Hintergründe und Ausgangspunkte für die folgenden Berichte ausführlich dargestellt. Dieser Vorbericht sollte eine Basis für die Arbeitsweise auf den unterschiedlichen raumplanerischen Ebenen, die Art der Ausführung und die Übersicht der langfristig ausgerichteten Ziele bilden. Die neuen Orientierungspunkte beinhalteten neben dem Umweltschutz und dem ökonomischen Wachstum vor allem den Abbau räumlicher Unausgewogenheiten und Ungleichheiten.[15]

[15] Ebd.

Im Rahmen der Verstädterungsnote sollten im wesentlichen zwei Ziele verfolgt werden: Erstens sollte unter dem Schlagwort der Stadterneuerungspolitik der innerstädtischen Problematik mehr Aufmerksamkeit gewidmet werden. Das bedeutete, dass durch eine Steigerung der Qualität der Wohnungen und des Wohnmilieus, z. B. in den alten Arbeitervierteln aus dem 19. Jahrhundert, eine Verminderung der sozialen Spannungen auf der einen Seite und eine Abwanderung der Bevölkerung in landschaftlich anziehende Gebiete wie das „Grüne Herz" auf der anderen Seite erreicht werden sollte. Die Streuungspolitik aus dem Zweiten Raumordnungsbericht wich einer Politik der Bündelung. Zweitens sollten verstärkt umweltpolitische Ziele umgesetzt werden, also der Ausbau des öffentlichen Verkehrs und eine stärkere Abstimmung von Wohn- und Arbeitsgebieten hinsichtlich ihrer ökonomischen Funktionen und mit Rücksicht auf Umwelt und Raum.[16]

Auf die Note für die ländlichen Gebiete soll in dieser Arbeit nicht weiter eingegangen werden.

Seit den 80er Jahren haben die Suburbanisierungstendenzen abgenommen, was hauptsächlich daran liegt, dass die weitere Ausbreitung der Wachstumskerne durch den Staat beschränkt wurde. Zudem wurde in den letzten Jahren auf Vorrat gebaut, so dass die Regierung eine starke Verminderung des Bebauungstempos als notwendig erachtete. Dies führte dazu, dass mehr Familien, die auf Wohnungen im sozialen Sektor angewiesen waren, in der Stadt wohnen blieben. Zudem wurde das Angebot an Wohngegenden für besser Ausgebildete, in erster Linie für alleinstehende Studenten, die ihr Studium abgeschlossen hatten, verbessert. Die Zahl der ethnisch Allochtonen stieg unverändert durch weitere Einwanderung und durch hohe Geburtenziffern der bereits ansässigen Immigranten. In den späten 80er Jahren kamen zu Einwanderungsgruppen aus der Türkei, Italien, Spanien und Surinam auch viele Asylsuchende aus Asien und Afrika.[17]

Der Suburbanisierungstrend verringerte sich auch unter dem Einfluss ökonomischer Faktoren und Einkommensunsicherheiten, die durch die beiden Ölkrisen und den allgemeinen ökonomischen Wandel, z. B. in der Arbeitswelt, verursacht wurden. Demzufolge versuchte man durch städtische Erneuerung die Attraktivität der Stadt im Hinblick auf die Standortwahl von Betrieben zu steigern. Die Revitalisierung von ungenutzten Flächen, z. B. im Rotterdamer Hafengebiet, erfolgte in Absprache

---

[16] Baars/ Bekkers, 1974

[17] Engelsdorp Gastelaars, 1993

zwischen der Regierung und den Betrieben in Form von ‚public-private-partnerships'. Die Raumordnung wurde auf diese Weise zunehmend auf den Markt ausgerichtet. Die sich rasant entwickelnden internationalen Vernetzungen im Rahmen des Globalisierungsprozesses verstärkten die Notwendigkeit einer Raumordnung, die zur Stärkung ökonomisch gewinnbringender Regionen beitrug, um die europäische Konkurrenzfähigkeit zu stärken.[18] Der starke Unterschied zwischen dem Westen des Landes und den übrigen Landesteilen wurde weiterhin als ungünstig empfunden.

4.2. Aktuelle Raumordnungspolitik und großflächige Stadtplanung

Die oben dargestellten veränderten Anforderungen an den Raum führten im Jahr 1988 zur Entwicklung des Vierten Raumordnungsberichtes (VINO), der im Vergleich zu seinen Vorgängern sehr viel stärker marktwirtschaftlich orientiert war und in dem die Raumnutzung an die internationalen Entwicklungen angepasst wurde.
Die Aufmerksamkeit wurde mehr auf die Stärkung selbständiger, ökonomisch gewinnbringender Regionen gerichtet, besonders im Hinblick auf die internationale Position der Niederlande. So entwickelte man im Rahmen des Vierten Raumordnungsberichtes im Zeitraum von 1991 bis 1994 einen Bericht für die regional- ökonomische Politik mit dem Titel „Regionen ohne Grenzen", der die Stellung der Niederlande in Europa und die Bedeutung einzelner Regionen stärker betont.[19] Die Regionen im Süden und Osten der Niederlande sollten vom Einfluss sowohl der ökonomisch starken Impulse, die sich von Schiphol und Rotterdam über die Hauptverkehrsachsen ausbreiteten, als auch von den ökonomischen Konzentrationen im Grenzbereich zu Deutschland, Belgien und Frankreich profitieren. Aufgrund dessen strebte man die Entwicklung ökonomischer Netzwerke an, die durch wirtschaftliche Entwicklungsachsen miteinander verbunden sein sollten. Diese Idee findet sich im Bericht über die Raumpolitik aus dem Jahre 1999 mit dem Motto „Dynamik in Netzwerken" wieder. Zum Prinzip der Netzwerke gehört auch die Entwicklung von sogenannten Korridoren. Sie betonen nachdrücklich die Rolle der Infrastruktur als physischen Träger der Verstädterung und unterstreichen das Ziel der Erreichbarkeit. Wenngleich der Vierte Raumordnungsbericht die Rolle der einzelnen Regionen stärker betont, ist die Rolle der Randstad immer noch von zentraler

[18] Zonneveld, 1993
[19] Hidding, 2002

nationaler Bedeutung. So enthält die Vierte Note auch das Konzept „Stedenring Centraal Nederland“ mit dem Ziel der Intensivierung ökonomischer und städtischer Qualitäten innerhalb des Randstadrings. In den vier Hauptstädten der Randstad, Amsterdam und Utrecht im Nordflügel und Rotterdam und Den Haag im Südflügel sollte eine Unterscheidung zwischen A-, B- und C – Orten getroffen werden. Die A-Orte sind öffentliche Verkehrsorte innerhalb der Stadtzentren, die nah an Knotenpunkten von öffentlichen Verkehrsmitteln liegen und weniger gut mit dem Auto erreichbar sind. Meistens liegen sie nahe dem Hauptbahnhof. Die B-Orte sind eine Mischung aus öffentlichen Verkehrsorten und Autoorten, die nah bei Bahnhöfen der Vorstädte oder bei anderen Verkehrsknotenpunkten liegen. C-Orte sind reine Autoorte, die am Stadtrand liegen, eine direkte Verbindung an Autobahnen besitzen und weniger gut mit öffentlichem Verkehr erreichbar sind. Dieses Drei- Orte- Konzept soll eine bedeutende Richtlinie für die Standortwahl von Unternehmen und Versorgungszentren formen. Den Ausgangspunkt für das Konzept bildet die Sorge über die Qualität der vom wachsenden Autogebrauch bedrohten Umwelt in Relation zur Erreichbarkeit wirtschaftlicher Knotenpunkte.[20]
Im Vierten Raumordnungsbericht ist zum ersten Mal die Rede von städtischen Knotenpunkten. Ein städtischer Knotenpunkt ist nach der Umschreibung des ‚Ministerie van VROM‘[21] ein städtisches Gebiet mit einem hochwertigen städtischen Zentrum, dass ein gutes Gründungsklima für wirtschaftliche Aktivitäten bietet und eine dynamische städtische Entwicklung aufweist, die politisch auf die faktischen Probleme der Region abgestimmt ist.[22] Zur Verbindung dieser Knotenpunkte soll das Plankonzept der Haupttransportachsen dienen. Die Entwicklung von hochwertigen städtischen Zentren soll auch eine zusätzliche internationale Allure schaffen, die die Konkurrenzkraft der großstädtischen Gebiete in den Niederlanden stärken soll.

Die Zielsetzungen der Vierten Raumordnungsnote wurden im Jahr 1991 im sogenannten VINEX, also der Vierten Raumordnungsnote Extra, aktualisiert. Im Unterschied zu den vorherigen Berichten gibt der VINEX erstmals explizit die

[20] Spit, Tejo/ Zoete, Paul: Gepland Nederland. Een inleiding in ruimtelijke ordening en planologie. Den Haag, 2002. Im Folgenden: Spit/ Zoete, 2002
[21] Ministerium für Wohnungsbau, Raumordnung und Umweltschutz
[22] Spit/ Zoete, 2002

Grenzen des „Grünen Herzens“[23] an und macht Angaben zu den Gebieten, die bei Bedarf doch bebaut werden dürfen, z. B. der Südrand der Stadt Amsterdam.
Im VINEX wird verstärkt nach Kompaktheit gestrebt. Um die Ausführung des Zieles der kompakten Verstädterung voran zu treiben, wurden drei Leitlinien entwickelt: Erstens die Beibehaltung der sozial-ökonomischen Tragfläche der Stadt, zweitens die Wachstumsbeschränkung des Autoverkehrs und der Schutz des freien Raumes und drittens die neu zu realisierenden Wohnungsbauflächen, die sogenannten VINEXLOCATIES.[24] Sie sollen möglichst innerhalb der bestehenden Stadtgrenzen geschaffen werden, zu einer besseren Wohnqualität beitragen und den wachsenden Gebrauch des Autos verhindern.

Die Umsetzung des Baus der VINEX- Wohnungen ist aus verschiedenen Gründen von großer Bedeutung für den niederländischen Wohnungsmarkt. Verglichen mit den 50er und 60er Jahren ist der quantitative Rückstand an Wohnungen weitgehend ausgeglichen worden. In qualitativer Hinsicht jedoch besteht trotz der Stadterneuerungspolitik in den 70er Jahren enormer Reformbedarf. Die zunehmende Anzahl der älteren Bevölkerungsteile macht Wohngebiete mit entsprechenden Versorgungseinrichtungen erforderlich. Nach Erwartungen des Zentralen Planbüros der Niederlande wird die Einkommensungleichheit stärker steigen. Demnach muss einerseits Wohnraum für die kaufkräftigeren Bevölkerungsschichten geschaffen werden, andererseits muss in sozial schwachen Vierteln einer Zunahme der Kriminalität zuvor gekommen werden und dem Verfall von bestehender Bausubstanz entgegen gewirkt werden. Die Entwicklung von Wohnmilieus, die differenzierte qualitative Eigenschaften, wie z. B. die Unterscheidung nach Umfang und Form der Bebauung, aufweisen, scheint unumgänglich. Die Identität eines Wohnviertels soll sich an das historische Bild der Stadt und an die Umgebung anpassen, um eine höchstmögliche Wohnqualität zu schaffen. Charakterlose Wohngegenden wie z. B. in Bijlmermeer im Südosten von Amsterdam, führen langfristig nicht zu einem dauerhaft zufriedenstellenden Wohnsitz. Dieses Beispiel sei kurz erwähnt, da das Bauprojekt Bijlmermeer in den 60er Jahren für viel Aufsehen gesorgt hatte. Innerhalb kurzer Zeit wurden riesige röhrenförmige Wohnblöcke nebeneinander gereiht, die durch den Bau eigener Versorgungseinrichtungen und Parkanlagen eine eigene kleine Stadt bildeten. Die Anonymität und Trostlosigkeit dieser Siedlung führte jedoch dazu, dass

[23] Anmerkung: Das sogenannte „Grüne Herz“ ist das ländliche Mittelgebiet der Randstad.
[24] Hidding, 2002

eine große Zahl der Bewohner schon bald nach Alternativen suchte und Bijlmermeer durch zuziehende Ausländer eine Gegend mit einer sehr hohen Kriminalitätsrate wurde. Ein Großteil der Wohnungen steht wegen der unattraktiven Wohnumgebung leer. Bis heute wird das Projekt als städtebauliche Katastrophe bezeichnet.

Der VINEX unterscheidet schließlich zwischen drei räumlichen Investitionsprioritäten:
a) hinsichtlich der internationalen Konkurrenzposition der Niederlande. Um sie zu verbessern, spielen der Anschluss an das europäische Hochgeschwindigkeitsnetz für Personenverkehr, der Ausbau internationaler Schulen und Universitäten und hochwertiger Wohnungsbau eine wichtige Rolle.
b) hinsichtlich der Verstärkung städtischer Knotenpunkte. Investitionen sollen hier hochwertigen kulturellen und wissenschaftlichen Einrichtungen, den Haupttransportachsen zwischen den städtischen Knotenpunkten sowie dem öffentlichen Verkehr innerhalb der Städte und dem digitalen Kommunikationsnetz zu Gute kommen.
c) hinsichtlich der Verstärkung der Position Amsterdams und Rotterdams. Um die beiden Wachstumspole der Niederlande aufrecht zu erhalten, muss vor allem in die Infrastruktur investiert werden, um das ausgezeichnete Transportwegenetz auf dem neuesten Stand zu halten.

Der Fünfte Raumordnungsbericht aus dem Jahr 2001, der mit der Startnote für die Raumordnung und dem Perspektivenbericht für Verkehr und Transport[25] vorbereitet wurde, schließt eng an seine Vorläufer an und strebt ebenfalls nach Bündelung der Verstädterung, Kompaktheit und intensivem und mehrfachen Raumgebrauch. Der Hauptunterschied zu den anderen vier Berichten und den zahlreichen Zwischenberichten liegt in den konkreten Vorschlägen und Planungsvisionen, die alle einen sehr viel größeren räumlichen Rahmen umfassen. Die Inhalte des Fünften Raumordnungsberichtes sollen ab 2010 gelten.
Zentraler Punkt ist die Entwicklung städtischer Netzwerke. In der 5. Note wird diese Idee wie folgt beschrieben: Städtische Netzwerke sind „sterk verstedelijkte stedelijke zones die de vorm aannemen van een netwerk van grotere en kleinere compacte steden, elk met een eigen karakter en profiel binnen het netwerk“[26].

[25] Anmerkung: Der Vorläufer der Startnote ist die Vornote „Nederland 2030 – Discussienota“
[26] Hidding, 2002, S.25

Ausgangspunkt für die Netzwerke ist ein mehrkerniger und funktionaler Zusammenhang und eine räumliche Orientierung in größeren Einheiten, also über die einzelne Stadt hinaus. Die städtischen Netzwerke sind durch nationale Korridore im Sinne von Verstädterungsachsen miteinander verbunden. Die Verstädterungsachsen sollen sich entlang der städtischen Knotenpunkte entwickeln. Im Fünften Raumordnungsbericht wird zwischen sechs nationalen städtischen Netzwerken unterschieden: Im Norden Groningen – Assen, im Westen die Deltametropole bestehend aus Utrecht, Amsterdam, Haarlem, Leiden, Den Haag und Rotterdam, im Süden die Brabantse Städtereihe bestehend aus 's – Hertogenbosch, Eindhoven, Tilburg, Breda und Helmond und der Verbidung von Maastricht und Heerlen, im Osten die Städte Arnhem und Nijmegen und die Verbindung zwischen Enschede, Hengelo und Almelo.[27] Grenzüberschreitende städtische Netzwerke sollen durch internationale Megakorridore im nordwesteuropäischem Rahmen verbunden werden.

Die Fünfte Raumordnungsnote stellt auch den Begriff der Deltametropole, den HALL bereits 1975 mit der Umschreibung der Randstad als „polyzentrische Metropolis" [28] charakterisierte, wieder zur Diskussion.
Der Begriff wird im Rahmen von einem sogenannten grün-blauen Netzwerk, einem infrastrukturellen Netzwerk und einem städtischen Netzwerk verwendet. Die Unterteilung in diese drei Netzwerke soll verdeutlichen, wie wichtig es für die Niederlande ist, infrastrukturelle, städtische, ökologische und den Umgang mit dem Wasser betreffende Aspekte - daher die Bezeichnung grün-blau - zu verbinden.
Die Deltametropolvereinigung versucht mit dem Begriff vor allem auf die europäische Perspektive und die Entwicklung einer europäischen Metropole aufmerksam zu machen, die Regierung spricht hingegen über ein nationales städtisches Netzwerk.
Die Gefahr von städtischen Netzwerken birgt sich in der zunehmenden Zersiedelung des grünen Raumes und in der langfristig negativen Beeinträchtigung der Umwelt. Um dieser Gefahr entgegen zu wirken und die Idee von Stadt und Land als Gegenpolen zu unterstützen, wurden als planerisches Instrument sogenannte rote Konturen eingeführt, die den städtischen Ausbreitungsraum bis 2005 im Streekplan in Form von Wachstumsregionen bündeln sollen.

---

[27] http://www.vrom.nl/docs/publicaties/ruimte15563.pdf
[28] Hidding, 2002, S.162

Die zentrale Aufgabe für städtische Gebiete ist eine ausgewogene Abstimmung zwischen Wohn- und Arbeitsraum, Versorgungs- und Erholungsmöglichkeiten und der Infrastruktur. Zugleich ist es aufgrund zunehmender Raumknappheit nötig, den vorhandenen Raum mehrfach zu nutzen ohne dabei den Qualitätsaspekt zu vernachlässigen.

Während im VINEX noch die Idee der kompakten Stadt einen zentralen Aspekt eingenommen hat, verfolgt man nun die Idee einer vitalen Stadt mit dem Ziel einer qualitativ hochwertigen sorgfältigen Verdichtung.[29]

Mit der Verdichtung ist aber keineswegs die weitere Platzierung von Bauwerken zwischen bereits bebaute Flächen gemeint, sondern eine sorgfältige Neustrukturierung mit dem Hintergrundgedanken, freien Raum zu bewahren. Durch ein vielseitiges infrastrukturelles Angebot und durch eine vertiefte funktionale Zusammenarbeit zwischen den Städten kann dieses Konzept umgesetzt werden.[30]

Die Fünfte Raumordnungsnote macht auch Angaben zur Bevölkerungsentwicklung. Sie geht davon aus, dass das natürliche Bevölkerungswachstum weiter zurück geht, der Anteil an Immigranten hingegen zusätzlich an Bedeutung gewinnt, insbesondere in einem multikulturellen Land wie den Niederlanden. Demnach bildet die allochtone Bevölkerung auch einen typischen Teil der Stadtbevölkerung. Den Erwartungen nach wird im Jahr 2015 etwa die Hälfte der Bevölkerung in Amsterdam und Rotterdam aus Allochtonen bestehen. Die Zahl der Haushalte wird weiter steigen.

4.3. Almere – Beispiel einer gemachten Stadt

Der Bau Almeres basiert auf sechs städtebaulichen Prinzipien[31]:

A) Auffangen von Problemen im Nordflügel der Randstad

B) möglicher zukünftiger Ausbau

C) Wohnmöglichkeit für alle Bevölkerungsschichten

D) Stimulierung von individueller Entwicklung

---

[29] Sociaal Economische Raad: *Startnota ruimtelijke ordening en Perspectievennota verkeer en vervoer.* Den Haag, 1999

[30] Ministerie van VROM: *Nederland 2030 – Discussienota. Verkenning Ruimtelijke Perspectieven.* Den Haag, 1997

[31] Atzema, Oedzge: *Wonen en Werken in een stedelijk tussengebied. De stedelijke toekomst van Almere.* In: Geografie 1995, 4. Jg., H.3, S. 4-11. Im Folgenden: Atzema, 1995

E) Erhaltung von natürlichem Wohnklima

F)Entwicklung einer städtischen Struktur.

Nach dem VINEX sollen dort in naher Zukunft: 30.000 neue Wohnungen gebaut werden. Um das positive Image der ökonomisch selbständigen „Stadt mit Qualität“ aufrecht zu erhalten, hat man seit den ersten Bauprojekten zur Gründung der Stadt in der Mitte der 60er Jahre eine Differenzierung der Wohnmilieus geplant. Dazu werden verschiedene Kerne in Almere gestaltet:

A)Almere - Stadt mit einem zentralen Wohnmilieu, in dem man hauptsächlich Hochbau mit funktionaler Vielseitigkeit (Wohnen, Geschäfte, Kultur) vorfindet. Hier findet die Planung für die Hälfte der zukünftigen Wohnungen statt, die vor allem für Ein- bis Zwei- Personenhaushalte gestaltet werden sollen.

B) Noorderplassen und Almere - Hout, die den ruralsten und luxuriösesten Teil von Almere bilden. Man findet das sogenannte Stadtpark- und Randmilieu mit viel Niedrigbau und geringer Bebauungsdichte vor, dass nahe bei Erholungsgebieten gelegen ist und so ideal auf Familien mit Kindern und die ältere Bevölkerung zugeschnitten ist.

C) Almere - Buiten mit einem subzentralen Wohngebiet für alle Haushalte, in dem ¼ des gesamten Wohnungsbaus statt finden soll.

D) Almere - Poort und Almere - Pampus, die zum einen Betreibsgebiete im Süden der Eisenbahn und zum anderen Wohngebiete im Norden der Eisenbahn aufweisen. Hier soll der Bau von 5000 Wohnungen statt finden.[32]

Almere ist eine mehrkernige Wachstumsregion und die am schnellsten wachsende Gemeinde der Niederlande.

Für viele ist Almere hinsichtlich ihres suburbanen Charakters und dem gepflegten Erscheinungsbild die ideale holländische Stadt. Sowohl in den Reihenhaussiedlungen als auch in den Einfamilienhaussiedlungen ist neben dem Wohnraum keine große Ansammlung von Versorgungseinrichtungen zu finden. Diese wurden im Stadtzentrum konzentriert, die betrieblichen Anlagen hingegen etwas außerhalb der Stadt. Doch beide sind in wenigen Minuten mit dem Fahrrad oder öffentlichen Verkehrsmitteln zu erreichen. Der suburbane Charakter der Stadt soll auch trotz fortschreitender Verstädterung beibehalten werden. Durch die hohe Mobilität der Einwohner ist es möglich, eine starke Zersiedelung des Raumes in

[32] Atzema, 1995

Grenzen zu halten. Die Planung für die Stadt muss berücksichtigen, dass zusätzliche Arbeitsplätze nötig sind, wenn Almere ökonomisch selbständig bleiben will. Diese Arbeitsplätze müssen gerade für die jüngere Bevölkerung als Grund dienen, sich langfristig nieder zu lassen. Andernfalls droht Almere aufgrund einer zunehmenden älteren Bevölkerung seine Anziehungskraft zu verlieren und zu einer „Greisenstadt" zu werden. Das bedeutet, dass es notwendig ist, zukunftsorientierte Arbeitsplätze und eine bessere funktionale Versorgung für die jüngeren Bevölkerungsteile zu schaffen. Auch das Mietniveau muss für junge Leute bezahlbar werden. Gerade nach der Gesetzesänderung in Den Haag, die die Mietzuschüsse weiter kürzt, ist es nötig, andere Lösungen für eine niedriges Mietniveau zu finden. Insgesamt soll eine großflächige Verdichtung statt finden, allerdings mit einem niedrigen Bebauungsgrad. Das bestehende städtische Gebiet soll auf der einen Seite sorgfältig verdichtet werden und seine funktionale Fähigkeit intensiviert werden, auf der anderen Seite sollen Erholungsmöglichkeiten in unmittelbarer Nähe der Wohngebiete ausgeweitet werden. Das Stadtbild Almeres soll also durch eine effektivere Struktur eine neue Form bekommen.[33]

Bisher ist das Wachstum der Stadt auch durch die Raumplanungspolitik gefördert worden, da die nationale Verstädterungspolitik gerichtet ist auf das Auffangen der Verstädterung innerhalb von städtischen Gebieten, in diesem Fall also der städtische Rahmen der Netzwerkverbindung von Amsterdam nach Almere. Die Stadt Lelystad ist, da sie nicht mehr in das städtische Einzugsgebiet Amsterdams fällt, in dergleichen Zeit weniger schnell gewachsen wie Almere. Man erwartet, dass das Pendleraufkommen in Almere in den kommenden zehn Jahren um 18.000 Pendler zunimmt. Die ist ein weiterer Grund, das Gründungsklima der Stadt zu verbessern und den in den 60er Jahren trockengelegten Flevolandpolder insgesamt besser zu nutzen. In der Planungspolitik wird vermutet, dass eine Verlegung des Verstädterungsdrucks auf die Randflügel der Randstad nötig sein wird, wenn man das „Grüne Herz" möglichst frei halten will und die beiden Mainports Rotterdam und Amsterdam bestehen bleiben sollen. Die nordöstliche Ausdehnung Richtung Almere ist so eine naheliegende raumplanerische Konsequenz.

[33] Stichting Ontwerpen voor Nederland: *De Vrije Ruimte. Nieuwe Strategieen Voor De Ruimtelijke Ordening.* Amsterdam, 1998, S.66ff.

V. Ausblick

Zu Beginn der städtischen Entwicklung in den Niederlanden konnte man noch mühelos den Unterschied zwischen Stadt und Land erkennen. Im Laufe der Zeit breitete sich der Landbau weiter aus, die städtischen Siedlungen wurden zu städtischen Regionen und schließlich zu städtischen Agglomerationen. Korridorformung, Ausbreitungen der Infrastruktur, die Erschließung von ökonomisch wertvollem Raum, der zunehmende Raumbedarf für große Industrieanlagen, eine wachsende Gesamtbevölkerung und gesellschaftlich vervielfachte Ansprüche an den Raum erforderten eine differenziertere räumliche Planung. Die Tatsache, dass die Niederländer Zeit ihres Lebens mit dem Wasser zu kämpfen hatten und große Teile des Landes nur durch Einpolderungen urbar gemacht werden konnten, erschweren die Raumplanung zusätzlich. Hinzu kommt, dass sich die räumliche Ungleichverteilung zwischen der Randstad und dem Rest der Niederlande über Jahrhunderte hinweg entwickelt hat und deshalb nur schwer auszugleichen ist. Eine äußerst sorgfältige langfristige Planung ist unerlässlich und muss zukünftigen demographischen, wirtschaftlichen, gesellschaftlichen und sozialen Entwicklungen entsprechen. Umweltpolitische Zielsetzungen müssen sowohl mit anspruchsvolleren Wünschen der Bevölkerung hinsichtlich ihrer Wohnumgebung als auch mit klimatischen Veränderungen vereint werden.

Im folgenden soll nun abschließend anhand einiger Zahlenbeispiele aus dem Fünften Raumordnungsbericht verdeutlicht werden, welche Dimensionen die Raumplanung der Niederlande bis ins Jahr 2030 umfasst.[34] Es wird zwischen sieben Funktionen, die das Grundgebiet in Anspruch nehmen, unterschieden: Wohnen, Arbeiten, Infrastruktur, Erholung, Wasser, Naturlandschaft und Landbau.

Bis 2030 wird nach Schätzung ein zusätzlicher Wohnraum von 85.000 Hektar benötigt, was etwa elf mal dem Grundgebiet von Den Haag entspricht. Es werden zwei Millionen neue Wohnungen benötigt, die nach den Prinzipien der Transformation, Kombination und Intensivierung von bestehendem Wohnraum realisiert werden können.

Der zu erwartende Arbeitsplatzbedarf beläuft sich auf 54.000 Hektar, also etwa dem neunfachen Grundgebiet Maastrichts. Allein für die Gewinnung von Windenergie

---

[34] http://www.vrom.nl/docs/publicaties/ruimte15563.pdf
Anmerkung: Die Zahlen sind prognostizierte Schätzwerte des Zentralen Planbüros der Niederlande für den größtmöglichen Raumanspruch der einzelnen Funktionen.

kommen noch 44.000 Hektar hinzu, die allerdings in Kombination mit Wohnraum realisiert werden sollen.

Für die Infrastruktur sollen fast 60.000 Hektar verbraucht werden, was 45% der heutigen Infrastruktureinrichtungen entspricht. Allerdings wurden hier bereits 33.000 Hektar für Pufferzonen mit eingerechnet. Die hohe Zahl erscheint möglicherweise verwunderlich im Anbetracht der bereits heute ausgezeichneten Verkehrswege. Sie ist aber zurück zu führen auf den erwarteten Anstieg der Automobilität von mehr als 60% in den kommenden zwanzig Jahren.

Die Bedeutung des Fremdentourismus und seine Konkurrenzfähigkeit und gesellschaftlich gewachsene Ansprüche an Erholungsmöglichkeiten erklären den hohen Raumanspruch der Funktion Erholung und Sport, der etwa 144.000 Hektar betragen soll.

Eine Fläche von 90.000 Hektar, was 75% der Fläche des IJsselmeers entspricht, soll für Wasser bzw. für die Sicherheit vor dem Wasser verwendet werden. Die große Sturmflut in den 50er Jahren hat bleibende Eindrücke hinterlassen, so dass die niederländische Regierung der Meinung ist, es wäre besser, die Überschwemmungsgefahr durch größere Auffangbecken und regionale Wassersysteme einzuschränken, anstatt die Deiche als einzigen Schutz zu betrachten. Die Raumfrage erstreckt sich in dieser Funktion bis ins Jahr 2050.

Da die Erhaltung von Naturlandschaften von der Bevölkerung gewünscht wird und gerade die zunehmend ältere Bevölkerung diese nutzen wird, werden hierfür 333.000 Hektar eingeplant.

Die Fläche für den Landbau soll nach Erwartungen bis zu 475.000 Hektar abnehmen. Grund für diese Annahme ist die zunehmende Liberalisierung des Marktes und die abnehmende Bedeutung des primären Sektors im Rahmen des internationalen Strukturwandels. Selbst wenn sich die Einschätzung nicht bestätigt, soll die agrarische Bodennutzung vermehrt kombiniert werden mit den Raumansprüchen für die Funktionen Wasser, Erholung und Natur.

Im Jahr 2000 beanspruchte das bebaute Gebiet in den Niederlanden fast 15% des gesamten Grundgebietes. Die Bebauungsdichte ist allerdings über das ganze Land verteilt, so dass ein Verstädterungsparadox entstanden ist. Auf der einen Seite verstärkt die Ausbreitung städtischen Gebietes und die Streuung der Verstädterung das Bild von den Niederlanden als eine große Stadt. Auf der anderen Seite formen die überwiegend niedrige Dichte und Einförmigkeit des bebauten Gebietes ein Bild der Entstädterung. Dennoch wird es immer schwieriger von einem Stadtzentrum, einem Wohnviertel oder einem Betriebsgebiet zu sprechen, da sich diese zunehmend verflechten. Viele Aktivitäten der Bürger spielen sich innerhalb von Netzwerken in weiten räumlichen Dimensionen ab, nicht nur im physischen, sondern auch im kulturellen, ökonomischen, politischen und virtuellen Sinn. Die zunehmende Mobilität von Bevölkerung und Betrieben (footloose industries) erfordert eine flexible räumliche Planung, die sich entsprechend an stets wandelnde Umstände anpassen kann. Die Randstad ist und bleibt das Zentrum der Niederlande und wird auch in den kommenden Jahren in der Raumordnung eine bedeutende Rolle spielen, insbesondere hinsichtlich der demographischen Entwicklungen. Es wird erwartet, dass das natürliche Bevölkerungswachstum abnimmt, die Zahl der Immigranten jedoch weiter zu nimmt. Der größte Anteil der allochtonen Bevölkerung siedelt sich in der Randstad an bzw. wohnt bereits dort. Darum ist es wichtig, die soziale Integration weiter voran zu treiben, um dem Problem der Kriminalität, dass sich negativ auf die Raumordnung auswirken könnte, zuvor zu kommen. Um all diesen Entwicklungen und Tendenzen gerecht zu werden, ist das oberste Ziel der Raumordnung die Schaffung von qualitativ hochwertigem Lebensraum, der den Ansprüchen aller Funktionen und aller Bevölkerungsteile Entfaltungsmöglichkeiten bietet.

Die folgende Karte macht die Verteilung der städtischen Netzwerke, wie sie oben erläutert wurden, deutlich. Die rot dargestellten Verbindungen sind die nationalen städtischen Netzwerke, die orangefarbenen Verbindungen stellen die regionalen städtischen Netzwerke dar.

Quelle: http://www.vrom.nl/pagina.html?id=8995

VI. Literatur

Atzema, Oedzge: *Wonen en Werken in een stedelijk tussengebied. De stedelijke toekomst van Almere.* In: Geografie 1995, 4. Jg., H.3, S. 4-11

Baars, Joop/ Bekkers, Rogier u.a.(Hrsg.): *Het Ruimtelijk Beleid in Nederland. Een analyse van de drei nota's ruimtelijke ordening.* Utrecht, 1974

Engelsdorp Gastelaars, Rob van: *Verstedelijking in Nederland tussen 1800 en 1940.* In: Taverne, Ed/ Visser, Irmin (Hrsg.): *Stedebouw. De geschiedenis van de stad in de Nederlanden van 1500 tot heden.* Nijmegen, 1993

Engelsdorp Gastelaars, Rob van: *Verstedelijking in Nederland na 1945.* In: Taverne, Ed/ Visser, Irmin (Hrsg.): *Stedebouw. De geschiedenis van de stad in de Nederlanden van 1500 tot heden.* Nijmegen, 1993

Hidding, Marjan u.a. (Hrsg.): *Planning voor stad en land.* Tweede, herziene druk. Bussum, 2002

Ministerie van VROM (Hrsg.): *Nederland 2030 – Discussienota. Verkenning Ruimtelijke Perspectieven.* Den Haag, 1997

Ottens, Henk F. L.: *Verstedelijking en Stadsontwikkeling.* Assen/ Maastricht, 1989

Sociaal Economische Raad (Hrsg.): *Startnota ruimtelijke ordening en Perspectievennota verkeer en vervoer.* Den Haag, 1999

Spit, Tejo/ Zoete, Paul: *Gepland Nederland. Een inleiding in ruimtelijke ordening en planologie.* Den Haag, 2002

Stichting Ontwerpen voor Nederland: *De Vrije Ruimte. Nieuwe Strategieen Voor De Ruimtelijke Ordening.* Amsterdam, 1998

Zantkuijl, Henk: *Bouwen in de Hollandse stad.* In: Taverne, Ed/ Visser, Irmin (Hrsg.): *Stedebouw. De geschiedenis van de stad in de Nederlanden van 1500 tot heden.* Nijmegen, 1993

Zonneveld, Wil: *Ruimtelijke planning.* In: Taverne, Ed/ Visser, Irmin (Hrsg.): *Stedebouw. De geschiedenis van de stad in de Nederlanden van 1500 tot heden.* Nijmegen, 1993

VII. Links

http://www.vrom.nl/pagina.html?id=8995

http://www.vrom.nl/docs/publicaties/ruimte15563.pdf

Weitere empfehlenswerte Literatur:

Dieleman, Frans M./ Faludi, Andreas: *Randstad, Rhine-Ruhr And Flemish Diamond As One Polynucleated Macroregion?* In: Tijdschrift voor sociale en economische geografie 1998, 89. Jg., S. 320-327

Dieleman, Frans M./ Musterd, Sako: *Voorbij de compacte stad?* Assen, 1999.

Van der Cammen, H./ de Klerk, L.A.: *Ruimtelijke Ordening*. Den Haag, 1993

De Pater, Ben/ Musterd, Sako: *Randstad Holland. Internationaal regionaal lokaal.* Assen/ Maastricht, 1992.

Metz, Tracy/ Pflug, Margriet: *Atlas van Nederland in 2005. De Nieuwe Kaart.* Rotterdam, 1997.

Een Atlas ven de Nederlandse Steden. 2049 Buurten vergeleken. NRC Handelsblad. 1999.

Borchert, J.G./ Ginkel, J.A.: *Die Randstad Holland in der niederländischen Raumordnung*. Kiel, 1979